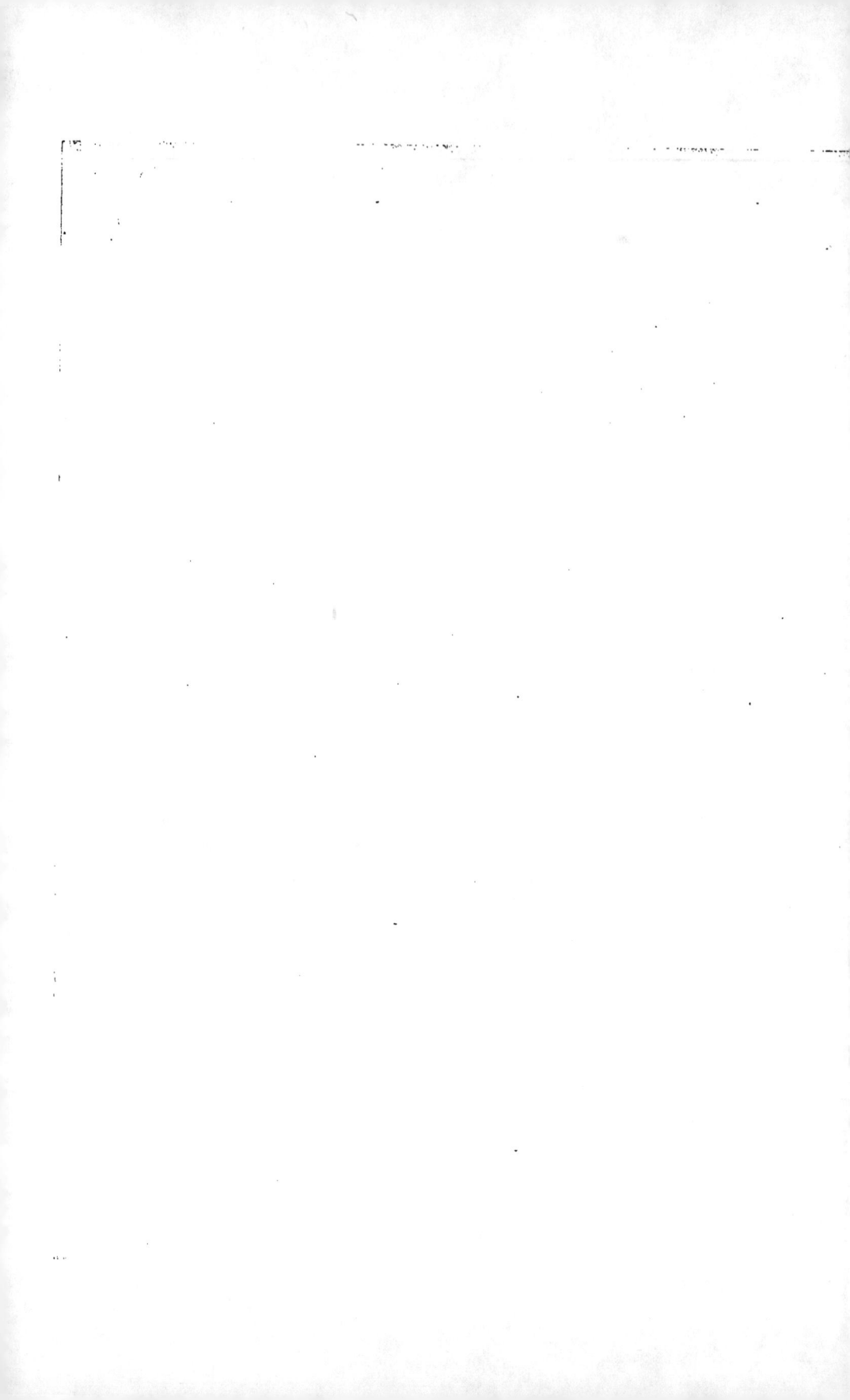

# MÉMOIRE

## SUR

## LA DÉCADENCE DU COMMERCE

# DE BAYONNE

## ET SAINT-JEAN-DE-LUZ,

## ET SUR

## LES MOYENS DE LE RÉTABLIR;

LU par M. DUPRÉ DE SAINT-MAUR, Intendant de Guienne, & Directeur de l'ACADÉMIE DES SCIENCES de Bordeaux, à la Séance publique du 25 Août 1782.

## A BORDEAUX,

Chez MICHEL RACLE, Imprimeur-Agrégé de l'Académie, rue Saint-James.

M. DCC. LXXXIII.

CRESCAM ET LUCEBO

# MÉMOIRE

S u r *la décadence du commerce de Bayonne & Saint-Jean-de - Luz , & fur les moyens de le rétablir ; lu par M.* Dupré de Saint-Maur *, Intendant de Guienne , &* Directeur de l'Académie des Sciences *de Bordeaux, à la Séance publique du 25 Août 1782.*

B ayonne floriſſoit ; le pays de Labour partageoit ſa ſplendeur ; un peuple de commerçants rempliſſoit ſon enceinte ; leur activité s'étendoit fur toutes les mers. L'Eſpagnol, attiré par le voiſinage, la commodité de la route & l'agrément de trouver réunis, dans le même lieu, des aſſortiments complets de toutes les marchandiſes de ſon goût

& à fon ufage, y verfoit une partie confidérable des tréfors de l'Amérique, ou y apportoit, en échange, fes laines non moins précieufes. Toute cette fortune a difparu en peu d'années. La population eft tombée au-deſſous de la moitié de ce qu'elle étoit; fes rues, fes maifons, fes chantiers de conftruction font également vuides ou déferts. Les émigrations occafionnées par la ceſſation du travail, ont été encore plus fenfibles dans le pays de Labour. La folitude eft encore plus grande & la trifteſſe plus profonde à Saint-Jean-de-Luz qu'à Bayonne. La caufe d'une décadence fi fubite & fi marquée femble bien digne d'être recherchée, & d'occuper, pour quelques moments, l'attention du Gouvernement. Et fi, en effet, il reftoit des moyens puifés dans l'intérêt de l'État, dans la fageſſe & la bonté du Monarque, pour relever le commerce de ces Villes, & répandre une nouvelle vie fur cette contrée, ne feroit-ce pas un devoir de les lui préfenter, & de les difcuter avec tout le foin que peut mériter un objet auffi important, & dont l'utilité ne fe bornera pas à ce canton? La Chaloffe, le Béarn, le pays de Goffe, qui n'ont que ce feul débouché, s'en reffentiront auffi-tôt. Il ne manque, en effet, à ces provinces, que des moyens de fe défaire des denrées que leur fol fécond pourroit produire en abondance, fi la vente en follicitoit davantage la culture. Il n'eft pas jufqu'aux Landes où de nouveaux femis de pins, ne tardant pas à remplacer

la bruyère & l'ajonc, donneroient lieu à une exportation
de plufieurs millions en matières réfineufes ( 1 ).

Les évènements qui difpofent, d'une manière fi incer-

_____

(1) L'ARTICLE du commerce des réfines eft bien plus confidérable qu'on ne feroit tenté de l'imaginer. Le voyageur, en
traverfant ces immenfes folitudes qu'il rencontre entre Bordeaux & Bayonne, auroit de la peine à croire que régulière-
ment une fois par femaine elles fourniffent au marché de Dax
pour 50 ou 55 mille francs de matières extraites de l'arbre
de pin, (*pinus maritima foliis binis in fummitate ramorum faf-
ciculatim collectis. Traité des arbres , par M. Duhamel*), telles
que le galipot, la réfine, le goudron, la thérébentine, l'effence
de thérébentine, la poix ; le bray, &c. On ne fe tromperoit
guère en évaluant prefqu'à la même fomme tout ce qui peut
en être porté directement, tant à Bayonne, qu'à Bordeaux,
Bazas, la Tefte de Buch, &c. Quelque immenfe que ce produit
puiffe paroître, vu le bas prix de ces matières, il ne peut cependant y avoir que la difficulté des communications, & par conféquent, la cherté des tranfports, qui empêche les propriétaires
d'en augmenter encore infiniment la quantité, en multipliant les
pignadas, ou formant de nouvelles forêts de pins. Le terrein
ne leur manque pas à cet effet, & le pin y vient de lui-même
fans culture , pour peu qu'on le défende pendant quelques années de la dent meurtrière des chèvres & bêtes à laine, qui ont
d'ailleurs fuffifamment de pâcages. Ainfi les Landes pourroient
prefque approvifionner l'Europe entière de ces préparations

taine, de la fortune des nations; les révolutions du commerce intérieur ou extérieur, toujours affociées aux circonf

---

réfineufes qui font de première néceffité, tant pour la marine
que pour différents arts & métiers. Cependant nous en tiron
journellement de l'étranger. J'ai vu avec furprife que la majeure
partie des goudrons employés aux corderies de la marine
royale, vient du nord. Les directeurs de ces corderies préten-
dent qu'étant beaucoup plus coulant que celui des Landes, i
pénètre mieux les pores du chanvre, & que la foupleffe qu'i
donne aux cables & cordages, en les rendant plus maniables
contribue auffi à leur durée. Tout cela eft vraifemblable, fan:
doute; mais, comme la différence dans la qualité tient principalement à la manière différente dont on extrait le goudror
dans les Landes, ou dans le nord, il feroit facile de fe rectifier ;
cet égard, ou plutôt de le fabriquer, relativement à l'emplo
qu'on en voudroit faire, foit conformément au procédé du
nord, & en fe fervant du fourneau Suédois, dont j'ai donne
le deffein à quelques habitants des Landes; foit fuivant la mé-
thode de ce pays-ci. En effet, nos goudrons ont auffi leur
avantage, & ne peuvent, pour bien d'autres ufages, être rem-
placés par ceux du nord. Je crois pouvoir ajouter, qu'au befoin, & même après fa fabrication, il feroit aifé de donner au
goudron des Landes la fluidité qui l'affimileroit à celui du nord,
Il ne s'agiroit que de lui reftituer la partie huileufe que la vio-
lence du feu lui a enlevée, ou a décompofée dans la cuiffon.
L'opération ne feroit pas même fort difpendieufe. Il eft des circonftances où cela feroit une véritable reffource. Le retard de

tances politiques, ne font pas les feuls accidents qui aient in-
flué fur le fort de la ville de Bayonne. De tous les malheurs
qui ont concouru à fa ruine, le plus funefte peut-être a été
l'efprit de parti qui s'étoit introduit dans fon fein, & qui, depuis plufieurs années divifant fes habitants, les a toujours
oppofés les uns aux autres dans toutes les tentatives qui ont
été faites pour venir à leur fecours. Il n'eft point d'admi-
niftrateur qui ne fache ce que la paffion & la prévention
peuvent fur la multitude , l'efpèce de cécité dont elles la
rendent fufceptible, la roideur qu'elles impriment à tous les
caractères.

Mais l'excès du mal femble devoir à la fin opérer le bien.
Bayonne, long-temps partagée fur la principale queftion
que nous fommes dans le cas de traiter aujourd'hui, paroît
fe réunir maintenant, & n'avoir plus qu'une opinion. Un
rayon de lumière a lui dans tous les efprits ; & dans l'intention où on ne peut pas douter que ne foit le Miniftère de
rendre la vie à ce malheureux pays, il ne peut trouver, fous
divers rapports, un moment plus favorable. Il ne s'agit
donc que de lui expofer l'état de crife dans lequel font
préfentement & la ville de Bayonne & le pays de Labour.

---

l'arrivée d'un navire a penfé fufpendre, pendant cette guerre,
les travaux de la corderie de Rochefort.

Des maux fi compliqués emportent néceffairement quelques détails.

La ftérilité des environs de Bayonne a été , fans doute,
la principale caufe qui a déterminé le génie de fes habitants vers le commerce & la navigation. Malgré la nature
dangereufe de leurs côtes, qui fembloit devoir les retenir
dans leur territoire , des befoins preffants les portèrent
à franchir la barrière effrayante qu'une mer toujours cour-
roucée leur préfentoit à l'embouchure de l'Adour. Les
premiers pas de ces navigateurs , plus périlleux que de
longs trajets , durent les rendre les plus intrépides marins
de l'univers. Bientôt auffi les vit-on les premiers aller atta-
quer & pourfuivre , jufques dans les régions où l'été & l'hiver ne compofent plus qu'un jour & une nuit , ces énormes
cétacées que leur maffe , leur force prodigieufe & la profondeur des eaux qu'ils habitent , fembloient devoir mettre
à couvert de la témérité de l'homme ; mais ce deftructeur
des êtres & de lui-même , parvenu , en affez peu de temps ,
à dépeupler les mers de la plus étonnante de leurs productions , a enfin exilé cette efpèce fous les poles du
monde , où la nature a fu , malgré fes efforts , dérober quelque chofe à fon audace & à fa curiofité.

Les baleines réfugiées vers le Spitzberg , devenant tous
les jours plus rares , l'incertitude de cette pêche ne per-

mit plus aux Bafques d'exercer leur courage & leur dex-térité contre elles. Il fallut céder ce profit à des nations plus à portée, qui pouvoient armer, avec moins de frais, un plus grand nombre de navires, & qui, rencontrant tou-jours au total une certaine quantité de baleines, rendoient de cette manière le produit de cette pêche plus affuré pour elles.

La pêche de la morue auroit pu dédommager ample-ment Bayonne de celle de la baleine, fi fes profits confidéra-bles n'avoient bientôt excité l'envie d'une nation qui, voulant dominer impérieufement fur le commerce entier du globe, ne pouvoit fouffrir aucun partage fur l'Océan. Les Fran-çois, depuis long-temps gênés à Terre-neuve, & enfin tout-à-fait exclus de ces parages par les Anglois, n'ont joui que précairement du droit de pêche de la morue ( 2 ); & à cha-que nouvelle guerre, Bayonne & Saint-Jean-de-Luz fe font vues privées de la feule reffource qui les vivifioit encore , après les pertes multipliées qui ne leur laiffoient plus que le fouvenir de leur ancienne opulence ( 3 ).

---

(2) En 1777 Bayonne n'entretenoit plus que onze bâtiments pour la pêche de la morue.

(3) La France eft heureufement dans le cas de fe flatter que

CEPENDANT, dans les premiers temps où les Bayonnois, qui n'avoient à espérer que de chétives récoltes sur un sol ingrat, entreprirent d'aller partager les meilleures dépouilles de la mer, la longueur de ces courses leur avoit appris, chemin faisant, à former beaucoup d'autres spéculations. La revente à l'étranger d'une partie du produit de leur pêche, & d'autres marchandises nationales qu'ils exportoient, les mettoit dans le cas de se pourvoir, dans divers marchés, des articles qui convenoient principalement aux Espagnols leurs voisins, ou qui même, à cette époque, manquoient encore à la France. Cette activité leur mérita la protection de nos Rois, & leur valut de très-grands privilèges, qui étoient devenus l'aliment principal de leur prospérité (4).

l'évènement de la guerre présente lui sera favorable sur ce point. Le regne de l'Angleterre, à cet égard, semble passé pour toujours, & ces Américains qui seroient plus à portée de donner des loix dans ces climats, ne perdront, sans doute, jamais de vue les droits que les François ont acquis sur leur reconnoissance.

(4) L'ÉPOQUE de ces privilèges est extrèmement ancienne, & remonte aux temps les plus reculés. Louis XI, sentant combien il pouvoit être important d'attacher à la France, par des nœuds indissolubles, la ville de Bayonne, qui avoit été recon-

Ces priviléges, accordés, pour la plupart, dans des temps où la nation Françoise ne posſédoit que peu ou point d'induſtrie, avoient pu procurer de grands avantages à Bayonne, ſans nuire à des fabriques qui n'exiſtoient point encore. Mais lorſque la nation eut réuni dans ſes atteliers tout ce que les arts pouvoient produire en faveur du luxe, on s'apperçut

---

quiſe par les Anglois ſous Charles VII, la confirma par lettres-patentes du mois d'Octobre 1461, ainſi que les habitants de la ſénéchauſſée des Lannes, dans l'exemption de toute impoſition foraine ſur les denrées & marchandiſes qu'ils tireroient du Royaume pour leur conſommation. Cette exemption fut perpétuée de regne en regne ſous les ſucceſſeurs de Louis XI; mais Henri II donna bien plus d'extenſion aux priviléges des Bayonnois, en leur permettant par ſes lettres du 24 Juillet 1557, de faire entrer & circuler franchement dans le Royaume, pendant dix ans, les divers objets de leur commerce. A l'expiration de ces dix années, & ſucceſſivement depuis, ils obtinrent le renouvellement de cette grace juſqu'en 1617, qu'elle fut confirmée à perpétuité par Louis XIII. Ils en jouiſſoient paiſiblement, lorſqu'en 1664 le tarif uniforme que Louis XIV ſe décida à établir dans le Royaume, ne laiſſa à la ville de Bayonne & au pays de Labour, que la reſſource d'être compris dans le nombre des Provinces réputées étrangères. L'une & l'autre perdirent de ce moment le droit de pouvoir introduire dans l'intérieur aucune marchandiſe, ſans acquitter les droits de traite, &c.

bientôt que la faculté indéfinie accordée à Bayonne de commercer également avec la France, l'Efpagne & les autres peuples de l'Europe, fans être affujettie aux droits & aux prohibitions ordonnées, tournoit au détriment de l'induftrie nationale, & choquoit vifiblement la juftice ou l'égalité de protection que le Souverain devoit à tous fes fujets. Les fermiers ou régiffeurs, à qui l'exécution des loix prohibitives & des règlements étoit confiée, fe fervirent de ce motif pour demander fucceffivement qu'il leur fût permis d'appliquer à Bayonne la plupart des règlements faits pour l'intérieur; & dès qu'ils y furent autorifés, ils ne voulurent plus appercevoir, dans la conftitution mixte de cette Ville, que le moyen qu'elle leur offroit de percevoir à leur profit, fur un même objet, divers droits de nature oppofée, & ce tantôt en vertu des règlements intérieurs, tantôt à caufe des privilèges qui mettoient Bayonne au rang des villes étrangères ( 5 ).

---

(5) En parcourant le mémoire imprimé, publié à ce fujet, il y a trois ou quatre ans, par la ville de Bayonne, & préfenté au Miniftère, on trouveroit plus d'un exemple du trifte effet qui a refulté pour elle de cette étrange affociation de règlements auffi peu faits pour être appliqués au même pays & au même objet. Je me contenterai d'en citer un feul, qui eft relatif au commerce des cuirs.

Dès-lors le fort de Bayonne fut décidé. Son commerce, journellement attaqué dans les unes ou les autres de fes

---

» Depuis long-temps le pays de Labour s'occupoit de la tan ‧
» nerie & de la chamoiferie; il en faifoit un commerce immenfe
» avec l'Efpagne, & principalement pour la confommation de
» la Navarre : les cuirs verds & fecs venant des colonies ou des
» ports du Royaume, n'acquittoient d'autre droit que celui de
» la coutume.

» En 1759, on affujettit les cuirs verds fortant de Bretagne
» pour Bayonne, au droit du tarif de 1667, comme pour l'é-
» tranger. Cette perception fut réprimée par un Arrêt du Par-
» lement de Rennes; mais à fa place on impofa ce même droit
» à l'entrée de Bayonne.

» L'Édit du mois d'Août de la même année 1759, qui éta-
» blit un droit unique fur les cuirs tannés & apprêtés, fut ap-
» pliqué à Bayonne & au pays de Labour.

» En 1768, les Fermiers-Généraux donnèrent ordre à leurs
» prépofés d'exiger le droit de vingt pour cent fur les cuirs tan-
» nés & ouvrés, à leur fortie de Bayonne pour l'intérieur du
» Royaume & pour les Colonies, conformément aux Arrêts de
» 1688, 1699 & 1768.

» Par une fuite de ces trois difpofitions il arrive, 1°. que les
» cuirs verds du Royaume entrant à Bayonne, font réputés
» étrangers, puifqu'ils acquittent le droit de 6 livres la douzaine.

branches, reçut fans cesse de nouveaux échecs. Différents
droits établis sur les principaux objets de ses relations avec
l'Espagne, comme les marchandises Angloises, le tabac,
les cartes, les cuirs, les laines, les sucres, les cires, &c. ne
tardèrent pas à en restreindre le débit (6). Il suffit de jeter

---

» 2°. Que néanmoins ces mêmes cuirs, après avoir été tannés &
» apprêtés dans le Labour, reçoivent la marque de la Régie, en
» acquittent le droit, & deviennent conséquemment nationaux.
» 3°. Que malgré ce caractère, ils ne sont pas traités comme
» tels, puisqu'à leur sortie de Bayonne pour l'intérieur ou
» pour les Colonies, tant en cuirs qu'en ouvrage, on les assu-
» jettit au droit prohibitif de vingt pour cent. Parmi des con-
» tradictions aussi aggravantes, il n'étoit pas possible que ce
» commerce subsistât ». [ *Mémoire de la ville & de la chambre
du commerce de Bayonne , de l'imprimerie de Fauvet du Hart,
année 1780.*

(6) Le mémoire publié par la ville de Bayonne, & que nous
venons de citer, entre à cet égard sur chacun de ces articles,
dans des détails qui semblent prouver que ses plaintes ne sont
que trop fondées. Il s'exprime, d'ailleurs, d'une manière fort
énergique sur l'objet de cette discussion. » La liberté, si essen-
» tielle pour faire le commerce de l'étranger, étoit sans doute,
» la base de la prospérité de Bayonne; cependant, quoique dic-
» tée par la raison, étayée par les titres les plus respectables, cette
» liberté a été successivement attaquée, minée, & presque entiè-

les yeux fur le tableau ou relevé des états de fortie relatifs au commerce étranger depuis l'année 1762, époque de la paix, jufqu'en 1774, pour juger combien la dégradation de ce commerce a été prompte. Les états des cinq premières années faifant au total 60585731 liv. 7 f. donnent plus de douze millions, année commune; ceux des fept dernières ne s'élevant qu'à 54452892 liv. 3 f. ne produifent, pour l'année commune, que huit millions & demi. La diminution étoit déjà de près d'un tiers, & de 1774 à 1782 elle s'eft encore fort accrue.

Mais ce n'eft prefque rien, en comparaifon de celle qu'a éprouvée la vente de tous les articles de menu détail que les Efpagnols venoient précédemment acheter, foit à

---

» rement détruite...... Quelques-unes des marchandifes que
» Bayonne fourniffoit à l'Efpagne, ont été prohibées, d'autres
» furchargées de droits équivalents à la prohibition ; dès-lors
» les affortiments de Bayonne, devenus incomplets, n'eurent
» plus le même attrait: des entrepôts, des plombs, des acquits
» à caution, des vifites, des formalités infinies fatiguèrent l'a-
» cheteur Efpagnol..... Le commerce n'a pu décheoir, fans que
» la navigation n'ait éprouvé le même fort; auffi des ouvriers de
» toute efpèce qu'elle entretenoit, charpentiers, calfats, voi-
» liers, cordiers, avironniers, preffés par le befoin, font allés
» vivifier les atteliers de Saint-Sébaftien, &c. ».

Bayonne, foit dans le pays de Labour. Le nerf de l'induftrie fe defféchant ainfi peu à peu, on vit diminuer la population d'année en année, dans une progreffion effrayante (7).

Cependant l'exemption d'un droit local, connu fous le nom de droit de coutume, laiffant encore à un petit nombre de Négociants privilégiés les moyens de foutenir, en apparence & jufqu'à un certain point, la ville de Bayonne dans le rang diftingué qu'elle avoit pris parmi les places de commerce, leur aifance formoit, avec la mifère générale, un contrafte qui fuffifoit pour en impofer à la multitude, & qui fembloit d'ailleurs démentir également ou les vœux de quelques citoyens plus éclairés, ou les cris de tous ceux qui étoient affujettis à l'injuftice de ce droit de coutume.

» Ce droit, imaginé dans des temps barbares, ce droit, fi » contraire à la liberté & à l'accroiffement du commerce, ce » droit, le plus étrange que l'égoïfme puiffe à jamais fuggé- » rer, confifte à diftinguer les marchandifes appartenantes » aux natifs de la Cité, d'avec celles qui appartiennent aux

---

(7) Il paroît qu'en 1730 la population à Bayonne étoit d'un tiers plus forte qu'elle n'eft préfentement. Elle montoit alors à environ feize mille ames. Trente ans après elle étoit réduite à onze mille ou à peu-près, & aujourd'hui elle ne paffe pas neuf.

» Commerçants habitués dans laVille, mais que la différence
» du lieu de leur naiſſance n'admet point à la jouiſſance des
» privilèges. Les marchandiſes appartenantes aux étrangers
» ſont encore diſtinguées de ces deux eſpèces; & de ces diſ-
» tinctions bizarrement combinées, il réſulte des droits plus
» ou moins forts, ſelon que les marchandiſes ſont commer-
» cées avec un privilégié, ou entre deux non-privilégiés.
» Une pareille inſtitution ne pouvoit manquer d'être miſe à
» profit, tant par les prépoſés des Fermes, que par ceux de
» M. le Duc de Grammont, qui partage avec le Souverain
» ce droit deſtructeur du droit même.

» LE tarif d'après lequel il ſe perçoit aujourd'hui, eſt un
» triſte monument du génie qui a préſidé à ſa confection. Les
» rapports de cette perception y ſont ſi arbitrairement éta-
» blis, qu'on ne ſait s'ils n'appartiennent pas autant au
» caprice qu'à l'intérêt ¶ ».

ORIGINAIREMENT le droit de coutume étoit, au
total, de cinq pour cent à répartir ſur l'entrée & la
ſortie (8). Quiconque avoit pu impoſer ainſi une charge

---

(8) TEL étoit ce droit lorſque Louis XII, Roi de France, en

¶ Ce qui eſt ici marqué avec des guillemets, eſt tiré preſque mot pour mot d'un mémoire
fait, il y a quelques années, par un excellent citoyen de Bayonne, qui voyoit avec peine la majeure
partie de ſes habitants demander avec tant de chaleur le renouvellement des privilèges. Ce tableau m'a
paru trop énergique, pour ne pas chercher à le mettre dans un plus grand jour.

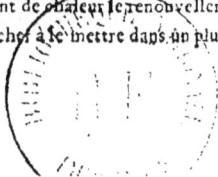

C

égale fur des objets de première néceffité ou de luxe, fur des denrées deftinées à fe vendre à vil prix, ou fur des marchandifes précieufes, n'avoit pas, fans doute, la moindre idée des premiers éléments du commerce & de la finance. Un tarif plus récent a changé l'état des chofes à cet égard : mais on a peine encore à démêler les principes d'après lefquels les rédacteurs ont opéré. On voit feulement que tel article n'eft taxé qu'à un pour cent de fa valeur, tandis qu'un autre paie jufqu'à feize ou dix-fept ; & ce, fans qu'aucune raifon folide puiffe juftifier & la différence de ces taxes & l'attention qu'on a eue d'établir les plus fortes fur les marchandifes commercées entre les non-privilégiés. Un Efpagnol, par exemple, qui acheteroit un chapeau d'un non-privilégié, paieroit, à la fortie, dix pour cent de fa valeur ; il en paieroit autant pour le coton filé du Levant, autant fur la manne, fur les mâts de navire, fur les pelleteries, &c. quatorze pour cent fur le thé, feize & deux tiers pour cent fur le fouffre, &c. ( 9 ).

affranchit tous les natifs de la ville de Bayonne, par lettres-patentes du mois de Novembre 1462. Il paroît, d'ailleurs, qu'on ignore dans quel temps il avoit été établi.

(9) Un droit de feize à dix-fept pour cent produit certainement les mêmes effets qu'une prohibition abfolue : & quel

ON conçoit à peine qu'avec une concurrence auffi dé-
favantageufe, il fe foit jamais trouvé un étranger qui ait ofé
fe fixer à Bayonne, dans la vue d'y fonder une maifon de
commerce ( 10 ). Les affaires y étoient, fans doute, bien
lucratives, puifque nonobftant une diftinction fi répugnante,
tout y a profpéré pendant long-temps, & jufqu'à ce que
l'acheteur Efpagnol, repouffé, foit par des prohibitions to-
tales, foit par des entraves auffi gênantes, ait pris le parti
de fe paffer entièrement des objets qu'il venoit chercher à
Bayonne, ou de s'en pourvoir ailleurs.

LA Cour de Madrid ne tarda pas à lui en fournir les

---

intérêt l'État peut-il donc avoir à empêcher la fortie, & par conféquent le commerce du fouffre, marchandife commune, à vil
prix, & fur laquelle l'État à réellement bien moins de droits
que le commerce, puifque n'étant point une production du territoire, il faut qu'elle y ait été importée avant d'en pouvoir être
exportée? Le tarif préfenteroit nombre d'articles fur lefquels
on pourroit faire la même obfervation.

(10) LES étrangers n'avoient qu'une reffource, dont il eft
difficile de croire qu'ils ne fe ferviffent pas ; c'étoit d'emprunter
le nom d'un privilégié pour faire la majeure partie de leur commerce. Le plus léger facrifice, à ce fujet, devoit fuffire pour
leur en faciliter les moyens ; & ce facrifice étoit toujours moins
onéreux que le paiement du droit.

moyens. Reſtée juſqu'alors dans l'ignorance du régime qui convenoit au commerce de la partie de ſes États voiſine du pays de Labour, elle reconnut avant nous les erreurs de notre propre finance, & ſachant en profiter habilement, elle accorda à Bilbao & à Saint-Sébaſtien une entière franchiſe. Cet évènement, le plus fatal que Bayonne & Saint-Jean-de-Luz aient pu éprouver, a porté le dernier coup à la fortune de leurs habitants. Quelques-uns d'eux imaginèrent d'abord de recourir après le commerce qui s'échappoit de leurs mains, de le ſuivre dans les deux Villes de l'Eſpagne où il ſembloit vouloir ſe réfugier, & d'y tranſ-porter en conſéquence leur domicile. Ce dangereux exemple fut bientôt imité par un plus grand nombre. L'impérieuſe néceſſité ayant briſé les liens qui attachoient à leur patrie une multitude de familles, elles ont été peupler Saint-Sé-baſtien & Bilbao. J'ai eu, il eſt vrai, depuis ce temps, la douce ſatisfaction d'être témoin moi-même des vœux qu'elles font pour ſe rapprocher d'elle; j'ai vu couler leurs larmes. Que la France diſe un mot, elle retrouvera tous ſes enfants.

Et ce mot ne doit pas lui coûter beaucoup. Il ne s'agit que de mettre à exécution le projet que M. Bertin, pour lors Contrôleur-Général, avoit déjà formé en 1761, de donner une nouvelle conſtitution, tant à la ville de Bayonne qu'au pays de Labour, & de les placer tout-à-fait hors de la ligne des bureaux de régie ( 11 ). Si les divisions intestines qui agitoient la ville de Bayonne, lui firent méconnoître alors le bienfait, & l'empêchèrent de l'accepter, elle n'en sentira que mieux aujourd'hui tout le prix. L'Espagne, d'ailleurs, semble avoir tracé à la France la conduite qu'elle doit tenir. Bayonne érigée en port franc,

---

(11) CE projet auroit, sans doute, eu son exécution dès-lors; si peu après M. Bertin n'eût quitté le contrôle général. Les Officiers Municipaux, la Chambre du Commerce, les principaux Négociants, après de longues conférences, paroissoient décidés à l'adopter.

IL fut remis de nouveau sur le tapis en 1773, lorsque l'arrêt du conseil, du 4 Mai de ladite année, qui ordonnoit la vente exclusive du tabac à Bayonne, eut achevé de faire sentir à ses habitants l'illusion de leurs prétendus privilèges. Cependant la Ville ayant réussi dans les représentations qu'elle fit au Ministère contre ledit arrêt, on commença à s'occuper un peu moins de l'autre objet. Les intérêts particuliers vinrent ensuite à la traverse; en moins de rien la Ville se trouva tellement divisée sur cette question, & l'on y mit de chaque côté tant de chaleur, que les administrateurs crurent ne pouvoir mieux faire que d'éloigner toute occasion d'en parler davantage, & d'attendre quelque circonstance qui mît le général des habitants à même de juger plus sainement de ses intérêts.

Bayonne délivrée de son bizarre droit de coutume, réparera promptement toutes ses pertes. Bilbao & Saint-Sébastien tomberont d'eux-mêmes, dès que l'industrie Françoise ne contribuera plus à les soutenir. Au fond, rien n'est plus aisé que de trouver, dans la position de Bayonne, les moyens de concilier la franchise de son port avec d'autres intérêts majeurs que l'État ne peut ni ne doit perdre un instant de vue, tels que ceux du commerce général du Royaume, de ses manufactures, ceux de la pêche, de l'agriculture, &c.

CETTE position même peut lui procurer le double avantage de jouir de tous les privilèges de la franchise pour ce qui concerne le commerce étranger, & de participer toutefois, en même temps, aux bénéfices du commerce intérieur, sans conserver pour cela, en aucune manière, sa constitution mixte, cause primitive de tous ses malheurs. En effet, l'Adour, qui, baignant les murs de cette Ville, l'enclave dans le pays de Labour, présente la démarcation la plus naturelle qu'il soit possible de choisir entre le pays qui sera réputé étranger, & la partie nationale qu'il confronte vers le nord. Cependant le fauxbourg de Bayonne le plus considérable & le plus riche, connu sous le nom du fauxbourg du Saint-Esprit, se trouvant en-deça de l'Adour, quiconque préférera d'habiter ce fauxbourg, sera de plein droit dans le cas de faire le commerce de l'intérieur. Rien ne femble même devoir empêcher que le Négociant qui voudroit demeurer dans la Ville pour fe livrer aux fpéculations du commerce étranger, n'eût en même temps, dans le fauxbourg du Saint-Efprit, un fecond établiffement, au moyen duquel il jouiroit pleinement des droits des regnicoles, pour tout ce qui feroit relatif aux opérations que cette maifon, dont la diftinction ne feroit, pour ainfi dire, que fictive, fe trouveroit dans le cas d'y faire. L'exemple de Dunkerque fuffiroit pour répondre à toute objection à cet égard. Encore y auroit-il bien moins de difficulté & de confufion à appréhender, parce que la ligne des bureaux de la Régie fe trouvant placée fur l'Adour, & cette rivière étant le centre commun auquel viendroient aboutir les objets du commerce étranger & du commerce intérieur, pour fe repartir chacun vers le côté qu'on lui auroit deftiné, la plus légère furveillance, de la part des employés des Fermes, fuffiroit pour maintenir l'ordre & la règle. Il ne peut y avoir de point plus facile à défendre contre la fraude. Ainfi de tout ce qui arriveroit par mer, les articles deftinés pour le Royaume, & fufceptibles d'y être introduits, pourroient être débarqués au Saint-Efprit, & le déchargement de ceux de nature à être réexportés à l'étranger, ne pourroit être fait que fur la rive oppofée, c'eft-à-dire, fur les quais de Bayonne. Au refte, ceci ne produiroit aucune innovation : dans l'état préfent des chofes, les employés de la

Régie font obligés de garder auffi exactement la rivière de l'Adour, & les habitants du fauxbourg du Saint-Efprit jouiffent de l'entière faculté de trafiquer avec l'intérieur du Royaume, tandis que, fous le voile trompeur d'une liberté apparente, la malheureufe conftitution actuelle de Bayonne la met dans le cas d'être gênée par toutes les entraves dont nous ne nous fommes même permis de préfenter qu'un foible tableau.

LE pays de Labour, fi exactement borné, du côté du nord, par l'Adour, n'offre pas, à la vérité, du côté de l'eft, qui eft le feul autre par lequel il confine à la France, une barrière auffi forte contre les verfements frauduleux. Il faut obferver pourtant que fi la Régie vouloit, comme elle le pourra faire, porter de ce côté-là, & fur les limites qui féparent le Labour du comté de Guiche, de la fouveraineté de Bidache & de la baffe Navare, tous les employés que l'exécution de ce plan rendroit inutiles, & qui font maintenant répandus dans l'intérieur du Labour, ou qui gardent, foit la côte de la mer entre Bayonne & Hendaye, foit les gorges des Pyrénées, depuis Hendaye jufqu'à la baffe Navarre, ou enfin la lifière même qu'il eft queftion de défendre aujourd'hui, il n'y auroit certainement, fur aucune frontière du Royaume, de cordon auffi bien garni, puifque ce cordon n'auroit qu'environ quatre lieues de longueur, tandis que ces employés en ont maintenant plus de quatre fois autant à furveiller, & ce, pour la majeure partie, dans des défilés extrèmement dangereux, où l'on a été par conféquent forcé de les multiplier beaucoup.

S I cependant, pour mettre un frein fuffifant à la contrebande, il étoit indifpenfable d'appuyer à une rivière les brigades des prépofés de la Régie, ne pourroit-on pas reftreindre la franchife à la partie du pays de Labour fituée entre la Nive & la mer ? Cela laifferoit, il eft vrai, hors de l'enceinte de la franchife 14 ou 15 paroiffes, c'eft-à-dire, environ le tiers de ce petit pays. Il en réfulteroit, fans doute, quelque inconvénient, en ce que les Labourdins étant extrèmement unis & fort attachés à l'efpèce de communauté dans laquelle ils vivent, fe verroient avec peine traités différemment les uns des autres. Mais comme il n'eft pas au monde de fujets plus affectionnés à leur Souverain, & plus foumis à l'autorité, lorfqu'elle veut bien prendre le foin de leur expliquer les motifs qui la font agir, il y a lieu de préfumer que cet arrangement ne foufriroit, de leur part, aucune efpèce de difficulté, fur-tout, fi la portion du Labour qui deviendroit, pour ainfi dire, nationale, avoit l'affurance d'être maintenue dans les privilèges dont la totalité du pays jouit actuellement. On pourroit feulement modifier ces privilèges de manière à ne point fe mettre dans la

D

néceffité d'avoir à établir une feconde barrière entre cette
partie du pays & la France ; & je fuis perfuadé qu'on par-
viendroit encore aifément à faire entendre raifon fur ce
point aux Labourdins ( 12 ).

Au furplus, le bien même de l'État exigeroit que ni
leur conftitution civile & politique, ni leur régime particulier d'adminiftration, n'effuyaffent à cette occafion, autant
qu'il feroit poffible, aucune altération. Les mœurs, les loix,
les ufages d'une nation influent toujours infiniment fur fon

---

(12) LES privilèges dont la confervation fembleroit devoir
être la plus précieufe aux habitants du Labour placés hors des
limites de la franchife, feroïent, fans doute, ceux qui les
exemptent de payer quelque droit fur les objets les plus ordi-
naires de leurs confommations. Sans laiffer fubfifter à cet égard
en leur faveur, la liberté indéfinie dont ils jouiffent, il feroit
poffible de fixer la quantité de chaque efpèce de denrée ou marchandife que chacune de ces paroiffes tireroit annuellement du
pays franc, foit en exemption de droits, foit en ne payant que
ceux auxquels ils font préfentement affujettis. Cette quantité,
devant être proportionnée au nombre de feux ou d'habitants,
feroit fufceptible de diminution ou d'augmentation, fuivant le
recenfement qui pourroit être fait tous les dix ans. Il ne s'agiroit donc que d'établir fur ces différents points un ordre certain
& invariable.

caractère. Celui des Basques a trop d'énergie, pour ne pas mériter d'être maintenu dans son intégrité. Seroit-il indifférent pour le Souverain d'avoir, sur la frontière d'un grand royaume, une poignée d'hommes qui, croyant avoir spécialement le droit de la défendre, tiennent à honneur cette espèce de privilège exclusif, &, nouveaux Spartiates, donneroient, au besoin, à l'univers un second exemple de la journée des Thermopyles?

LE cours de la Nive est, il faut l'avouer, la ligne de démarcation la plus convenable qu'il paroisse possible de prendre pour borner, de ce côté, le pays franc. La profondeur de cette rivière, & la difficulté de la passer à gué, en font une barrière pour le moins aussi forte qu'une armée de commis. On ne pourroit d'ailleurs tracer sur la carte une ligne plus courte & plus directe. Ainsi, sous toute espèce de point de vue, la sûreté & l'économie qu'elle présente, semble devoir la faire adopter. Mais abstraction faite du motif d'empêcher plus facilement la contrebande & les versements frauduleux, il y auroit encore une considération apparente pour ne pas étendre la franchise à la partie du Labour qui se trouve au-delà de la Nive, c'est-à-dire, à l'est de cette rivière. Si en effet, pour tirer parti des facilités que quelques-uns de ses sujets peuvent avoir à ouvrir & entretenir un commerce avantageux avec une Puissance voifine, le Gouvernement fe prête à déroger , jufqu'à un certain point, à l'ordre général, il eft de fa fageffe de ne donner à cette forte d'exception d'autre étendue que celle dont le commerce qu'il s'agit de favorifer, peut être fufceptible. Or, dans le fait, la partie du Labour fituée entre la Nive & la mer, contient un efpace de pays affez vafte pour établir les divers entrepôts néceffaires, & d'ailleurs, eft la feule qui, confrontant immédiatement avec l'Efpagne, ait par conféquent la commodité de trafiquer directement avec elle. Au contraire, la partie au-delà de la Nive n'ayant pas un feul point qui touche aux frontières de ce royaume, & par lequel elle puiffe y pénétrer fans paffer cette rivière, ou fans traverfer la baffe Navarre, fes relations refpectives avec les Efpagnols fe trouvent néceffairement, tant par les difficultés locales que par l'éloignement, être d'une beaucoup moindre importance que celles qui peuvent avoir lieu entre l'Efpagne & l'autre portion du Labour. Mais auffi, il paroît indifpenfable que cette autre portion du pays participe à la franchife entière & abfolue qui feroit accordée à la ville de Bayonne, puifque c'eft uniquement en traverfant ce canton que le commerce d'échange avec les Efpagnols peut avoir lieu , & que ce commerce, par fa nature, qu'il eft inutile de difcuter ici, exige & une grande étendue de frontières , & une liberté qui fouffriroit infailliblement bientôt de la moindre efpèce de furveillance. Que l'on multiplie donc au-dehors, autant que befoin fera, les précautions ; que l'on élève, s'il le faut, un mur de féparation entre le pays réputé étranger, & la partie nationale ; mais que le premier foit, dans fon intérieur, exempt de toute forte d'infpection, de gêne ou d'entraves, fi l'on veut férieufement parvenir à porter fon commerce au degré de profpérité qu'il peut atteindre.

Je ne fais fi, par cette raifon, il ne vaudroit pas mieux que le pays de Labour renonçât à une faculté qu'il lui feroit pourtant bien effentiel de conferver ; celle de faire entrer dans le Royaume, comme nationaux, les produits de fa pêche ou de fon induftrie, qui ne peuvent être employés totalement en Efpagne, tels que la morue, les fardines, le fer en barre & ouvré, les cuirs tannés & corroyés, les capas, &c. Ce n'eft pas que l'objet, en lui-même, dût éprouver le moindre obftacle, fi le Gouvernement n'étoit pas dans le cas d'appréhender qu'on n'abusât de cette faculté, pour introduire dans le Royaume, comme nationaux, des articles de la même efpèce venant de l'étranger. Cette appréhenfion le décideroit indubitablement, & avec raifon, à exiger qu'au cas où les Bafques voudroient fe maintenir, à cet égard, dans les droits des regnicoles, ils fe foumiffent aux formalités néceffaires pour conftater légalement la diftinction entre les articles qui proviendroient, ou de l'induſtrie du pays, ou du commerce étranger. Cela occaſionneroit donc l'établiſſement d'une Régie. Quelque petite qu'elle fût d'abord, elle tendroit bientôt à s'agrandir, & le pays de Labour ne tarderoit pas à reſſentir de nouveau tous les maux dont il eſt aujourd'hui queſtion de le délivrer. Au reſte, il n'eſt pas impoſſible de trouver des moyens propres à concilier le double intérêt qu'il faut éviter de bleſſer. Les meſures les plus convenables à prendre à ce ſujet, n'échapperont pas à la ſagacité & aux lumières de l'Admi-niſtration. Elle n'ignore point que les machines les moins compliquées ſont celles dont on doit attendre l'effet le plus prompt & le plus ſûr ( 1 3 ).

L E pays de Labour ne produiſant pas, à beaucoup près, la quantité de bled qu'il lui faut pour ſa conſommation &

---

(13) N'ÉVITEROIT-ON pas toute eſpèce d'inconvénient, en dé-terminant le nombre de quintaux de morue, de ſardine, de fer en barre, &c. que les Baſques pourroient faire entrer dans l'intérieur du Royaume, en exemption de droits, ſauf à juſti-fier, ſi on l'exigeoit relativement à la morue & aux ſardines, qu'elles proviendroient de leur pêche, quoiqu'au fond cette preuve devînt aſſez inutile, dès que l'importation ne pourroit pas aller au-delà d'une certaine quantité? Ce ſeroit à l'adminiſ-tration du pays à prendre ſes meſures pour que chacun des

pour celle des habitants de Bayonne, il eſt naturel qu'il puiſſe continuer de s'approviſionner dans les provinces Françoiſes circonvoiſines ( 14 ), & qu'à cet égard, il ne ſoit pas réputé pays étranger, même dans le cas où l'exportation des grains ſeroit interdite. Mais auſſi, il ſeroit juſte de chercher à pré-

---

Armateurs, ou de ceux qui auroient un titre pour participer au bénéfice de cette importation, y fuſſent compris pour leur contingent.

Quant aux articles provenants des fabriques ou manufactures, telles que les capas, les marègues & autres étoffes du pays, la marque de la fabrique, bien convenue & conſtatée, pourroit ſuffire pour leur donner l'entrée dans le Royaume.

(14) Les deux marchés qui ſe tiennent chaque ſemaine à Bayonne, ne ſont preſque alimentés que par les bateaux de Dax, Peyrehorade & autres paroiſſes de l'intérieur, qui y apportent des grains, des volailles, des vins, &c. & prennent en retour, du ſavon, des huiles, du fromage de Hollande, de la morue, des ſardines, des épiceries, &c. Il y eſt ainſi importé, année commune, deux cents mille conques de froment, la conque peſant environ 68 livres. La quantité de maïs ou bled de Turquie, plus connu ſous le nom de bled d'Eſpagne, ne laiſſe pas auſſi d'être conſidérable. Bayonne & le pays de Labour ne pourroient donc pas ſe paſſer de la faculté de tirer des grains de l'intérieur du Royaume.

venir l'abus. Ne suffiroit-il pas, à cet effet, de charger la
Municipalité & les Officiers de l'Amirauté de veiller à ce
que, dans toute l'étendue du pays, il ne se fît point alors
de chargement pour l'étranger, & d'ordonner en conséquence que les manifestes des cargaisons seroient visés par
eux ?

Il y auroit également à statuer sur les autres objets de
subsistance que ce pays doit tirer de la France, & l'on pourroit adopter, sur ce point, les règlements qui ont lieu
pour les autres Villes franches, telles que Marseille & Dunkerque, en y faisant les changements que les circonstances
locales comporteroient.

Nous regarderions, d'ailleurs, comme superflu de traiter ici des divers articles dont le commerce intérieur &
national sera permis ou interdit aux Basques. Ainsi que les
deux Villes que nous venons de citer, les Basques auroient,
sans doute, la faculté de faire entrer franchement dans le
Royaume, tout produit d'importation étrangère qui n'y est
ni défendu ni assujetti à aucun droit. Ils pourroient y introduire aussi, mais à la charge des paiements des droits, les
autres objets du commerce étranger, qui ayant la libre entrée en France, sont soumis à des droits, soit de traite, soit
de quelque nature que ce puisse être. Ce seroit à eux à pro-

fiter de la facilité de faire arriver directement au port du Saint-Efprit, les produits du commerce extérieur, mais national, tels que les marchandifes de nos Colonies, qui autrement, & étant une fois admis dans l'enceinte de la franchife, y prendroient le caractère étranger que rien ne pourroit plus effacer. Ainfi, il ne refteroit exactement que le prohibé pour lequel ils jouiroient fimplement du bénéfice d'entrepôt dans tout le pays, jufqu'au moment où ils pourroient le faire repaffer à l'étranger.

A l'effet de prévenir la fraude du paiement des droits fur les objets du commerce intérieur qui fe trouveroient en être fufceptibles, l'on devroit fixer fur la Nive un certain nombre de paffages & de bureaux par lefquels feuls il feroit permis de faire fortir du pays de Labour, ou d'y faire entrer aucune efpèce de denrées ou marchandifes. Quant à ce qui entreroit à Bayonne, ou qui en fortiroit, foit en traverfant l'Adour, foit en le defcendant ou le remontant, un bureau à la tête du pont, quelques pataches de diftance en diftance, fur la rivière, affureroient, autant qu'il le faudroit, la perception des droits.

La Nive ne venant fe jeter dans l'Adour qu'après avoir traverfé la ville de Bayonne, on pourroit, d'après l'idée que nous avons donnée ci-deffus d'établir fur cette rivière la

E

ligne de démarcation du pays franc, fuppofer que la partie
de la ville de Bayonne que la Nive laiffe fur la droite, eft
dans le cas de refter nationale. Le local, qu'il fuffit de
connoître pour en juger, rendroit la chofe abfolument im-
poffible. Il paroîtroit même que l'on ne peut pas borner,
de ce côté, la franchife à l'enceinte des murs de la Ville, &
qu'il faudroit indifpenfablement y comprendre le fauxbourg de Moufferole, où eft la majeure partie des magafins
néceffaires à fon commerce. D'après cela, & pour la facilité de la garde de cette enclave, il y a lieu de penfer que
le cordon de féparation devroit être reporté fur une ligne
tirée de la Nive à l'Adour, à prendre de deux points fitués
l'un & l'autre à une demi-lieue au-deffus de Bayonne, en
remontant chacune de ces rivières, & fuivant là une efpèce
de vallon qui communique de l'une à l'autre. Cette ligne
de peu de longueur, & une autre à peu près femblable fur
les confins de la Navarre, entre la Nive & la frontière de
l'Efpagne, feront prefque les feuls points qui exigeront un
peu de vigilance de la part des employés des Fermes.
A cela près, la nature ne pouvoit pas fe prêter plus avan-
tageufement aux vues que le Gouvernement devoit avoir
un jour à ce fujet. Veuille le Ciel que ces vues bienfaifantes
ne foient plus déformais croifées par quelque démon jaloux
du bonheur & de l'accroiffement de la ville de Bayonne!
Je crois devoir, à cette occafion, répondre ici aux princi-

pales objections qui ont été faites contre l'établissement du port franc.

» La séparation des deux commerces, & l'abdication » que feroit la Ville du commerce national, transporte- » ront, dit-on, au Saint-Esprit la plus grande partie des » affaires. Dans l'état présent des choses, Bayonne fournit » le Bearn, la Chalosse, le pays de Gosse & plusieurs autres » petites provinces voisines, d'une quantité immense de » marchandises nécessaires à leur consommation. En renon- » çant à ce commerce avec l'intérieur, il faudra que tous » les Marchands boutiquiers & détailleurs aillent s'établir » au Saint-Esprit; ce fauxbourg deviendra la véritable Ville, » & la Ville ne sera plus qu'un fauxbourg. Le bureau des » Fermes devant être nécessairement transporté au Saint- » Esprit, ceux des Postes & des voitures publiques l'y sui- » vront bientôt. Dès-lors, les maisons seront abandonnées, » les ouvriers resteront sans travail, & la Ville sera bientôt » déserte.

» Tout ce qui descend l'Adour, pour refluer par mer » dans l'intérieur, ne pourra plus avoir l'entrée dans les » magasins du côté de la Ville.

» Les marchés s'établiront au Saint-Esprit, les foires

» éprouveront le même fort; les armements & défarme-
» ments pour l'Amérique, qui occupent beaucoup de
» monde, devront s'y faire auffi, & les retours y être dé-
» chargés pour y refter entrepofés, tout autant qu'ils feront
» deftinés pour l'intérieur.

» Les étoffes, la clincaillerie, la mercerie & autres ar-
» ticles de France, dont il fe fait, au détail, un grand dé-
» bit pour les pays circonvoifins, ne pourront plus s'y
» vendre, non plus que les épiceries & drogueries dont
» ils ont befoin. De-là, un grand nombre de Marchands
» détailleurs, droguiftes, épiciers & autres, ruinés avec
» leurs familles.

» Les maifons, les chays & magafins du Saint-Efprit
» étant conftamment pleins aujourd'hui, les émigrants de
» Bayonne ne fauront où fe loger, ni où placer les marchan-
» difes dont ils trafiquent.

» Il reftera peu de bénéfice à faire avec l'Efpagne fur
» les étoffes étrangères. Les Marchands de l'intérieur des
» provinces d'Efpagne, qui fe font fort inftruits depuis
» un certain temps, s'en pourvoient déjà eux-mêmes
» aux fabriques, & les villes de Saint-Sébaftien & de
» Bilbao, qui leur vendoient, en débitent beaucoup moins
» aujourd'hui.

» Le commerce des lainages Anglois & Hollandois étant
» libre à Bayonne & dans le Labour, la consommation qui
» s'en feroit dans le pays même, porteroit un préjudice
» infini aux fabriques de la France, & seroit une espèce de
» vol fait à la main-d'œuvre & à l'industrie nationale.

» Pourquoi, d'ailleurs, favoriser le débit des manufac-
» tures étrangères, en présentant aux Espagnols un mar-
» ché de plus dans le lieu même où ils venoient aupara-
» vant acheter nos propres étoffes » ?

Telles sont les plus fortes objections qui ont été faites
contre la franchise. Il y a bien encore quelques raisons par-
ticulières qui paroissent être la source de toutes ces crain-
tes, & que ceux qu'elles regardent ont inspirées, sans doute,
tant aux propriétaires des maisons qu'aux Marchands en
détail. Ceux, par exemple, qui ont établi, dans la Haute
Navarre & l'Arragon, différentes maisons de commerce,
& qui y font passer tous les ans, pour leur compte, une
quantité très-considérable de marchandises, sont en effet
fondés à ne pas souhaiter le retour des Espagnols à Bayonne,
ni une liberté de commerce qui diminueroit les avantages
particuliers qu'ils retirent de la situation inerte de cette
Ville. Le commerce des piastres, concentré actuellement
dans un petit nombre de maisons, est encore un objet au-

quel ceux qui s'en font emparés, ne verroient pas volontiers
que la Ville entière participât; ce qui arriveroit, fi les Efpagnols, attirés par la franchife, y revenoient comme autrefois.

Si des intérêts fourds, de la nature de ceux dont on vient
de parler, n'avoient pas entretenu ces vaines frayeurs, il eût
été aifé de les diffiper. Des relevés exacts du produit du
droit de coutume, pendant plufieurs années, fourniffent
une preuve fans réplique que la maffe de ce commerce intérieur, dont on prétend que la perte ou le dérangement
devroit occafionner une ruine fi complette, ne s'élève cependant qu'à la cinquième partie de la totalité du commerce
de cette Ville ; c'eft-à-dire, que dans l'état actuel, il fe fait
encore à Bayonne quatre fois plus de commerce pour l'é-
tranger que pour l'intérieur. Il eft en outre à confidérer que
parmi les objets qui font propres à cette dernière deftination, il ne s'en trouve qu'un certain nombre que Bayonne,
devenue franche, perdra tout-à-fait. D'après l'évaluation
la plus exacte & la plus fcrupuleufe, ayant égard aux marchandifes chargées de nouveaux droits, & aux temps de
foire, le produit des droits fur les objets de cette claffe
prouve qu'ils ne forment que la vingt-cinquième partie du
commerce total, & ne montent au plus qu'à 392000 liv.
de valeur réelle. En fuppofant donc que les bénéfices fur

cette fomme foient de dix pour cent, les habitants de la ville de Bayonne ne perdroient jamais que 37200 livres, quand la totalité de cette partie du commerce national fortiroit de leurs mains; ce qui n'arriveroit cependant point, d'autant qu'il leur feroit aifé d'avoir des boutiques ou magafins au Saint-Efprit pour ces fortes d'objets, & de les occuper eux-mêmes les jours de marché ou dans les temps de foire.

On n'eft pas mieux fondé à penfer que l'établiffement du port franc occafionnera le déplacement de la moitié des habitants de Bayonne, pour les faire paffer au fauxbourg du Saint-Efprit, où les travaux relatifs aux befoins du commerce les appelleront. Dans l'état des chofes, la majeure partie des vins, eau-de-vie, brays, réfine, goudron & planches, eft fans doute emmagafinée au Saint-Efprit, fans diftinction de ce qui doit paffer à l'étranger d'avec ce qui eft deftiné pour l'intérieur; mais ce qui va de ces objets à l'étranger, & qui, à raifon de cette deftination, feroit emmagafiné dans la partie franche, étant beaucoup plus confidérable que ce qui en refoule par mer dans l'intérieur, il eft évident que ce feroient les magafins du Saint-Efprit qui fe trouveroient dégarnis, & non ceux de Bayonne, qui au contraire pourroient bien n'être pas fuffifants à cet égard. On ne fait auffi comment les propriétaires des plus belles maifons de

Bayonne ont pu croire férieufement que, fi quelques porte-faix ou autres ouvriers en fortoient pour aller travailler à défarmer les vaiffeaux des Colonies au Saint-Efprit, leurs principaux appartements refteroient vuides, & que cette défection les ruineroit infailliblement. Pour fe raffurer, ils n'avoient qu'à s'informer de ce qui eft arrivé à Dunkerque dans un cas tout pareil. Ils auroient pu favoir que les loge-ments y font rares & fort chers dans la Ville franche, tan-dis qu'ils font fouvent vacants & toujours à bas prix dans la partie du commerce national.

C'EST encore une fuppofition gratuite de la part des anta-goniftes du port franc, de dire qu'à Saint-Sébaftien & Bil-bao il ne fe débite plus que peu d'étoffes Angloifes ou Hollandoifes pour l'Efpagne, attendu que les Marchands de l'intérieur des provinces Efpagnoles s'étant fort inftruits, s'adreffent directement, depuis un certain temps, aux fa-briques mêmes pour la demande de ces objets.

IL doit paroître fingulier que ces Marchands Efpagnols de l'intérieur, qui auroient actuellement des liaifons fi di-rectes avec l'Angleterre & la Hollande, aient fi fort négligé d'en avoir de femblables avec la France, qui leur fournit cependant quantité d'objets de grande conféquence. Une preuve que cela n'eft pas ainfi, c'eft que des Marchands de Bayonne fe rendent, chaque année, aux foires de Pampe-

lune & de Tafaille, & qu'ils y vendent avec profit aux Marchands Efpagnols un grand nombre d'articles que ces der-
niers ne favent pas fe procurer avec la même économie.
Une autre preuve de la fauffeté de cette fuppofition, c'eft
que nombre de capitaliftes de Bayonne ont fondé à Pam-
pelune & à Sarragoffe des établiffements qui y foutiennent
la concurrence des nationaux, & y entretiennent un commerce floriffant qui étoit autrefois le partage de Bayonne;
ce qui ne les difpofe pas, comme on l'a déjà obfervé, à demander pour cette Ville une franchife qui pourroit diminuer, à leur égard, les avantages de cet établiffement.

Il eft indubitable que, fi la France pouvoit obliger les
Efpagnols à fe vêtir de fes étoffes, & les empêcher d'ufer
abfolument d'aucune marchandife Angloife, on devroit
certainement éviter de leur donner un marché pour les en
fournir; mais puifque notre impuiffance fur ce point eft
avérée, & que les Efpagnols, généralement dépourvus de
manufactures, n'ont rien de mieux à faire que d'admettre
chez eux les marchandifes de toutes les nations, pour profiter de la concurrence qui doit en réfulter, ils ne manqueront certainement pas d'étoffes Angloifes, fi leur goût
les porte à les préférer : les Commerçants de tous les pays
s'empefferont de leur en procurer. On n'obvie donc à
rien en leur ôtant le marché de Bayonne, puifque ce n'eft

F

pas l'unique porte par où les marchandiſes Angloiſes peuvent y entrer, & que dans cette contrée même il s'en trouve pluſieurs autres, telles que Saint - Sébaſtien , Bilbao, Saint-Ander, &c. De-là il ne peut au contraire arriver que ce que l'expérience a déjà démontré; c'eſt que les Eſpagnols ne trouvant plus à Bayonne le moyen de s'en pourvoir, iront les chercher dans les ports voiſins où elles ſont admiſes. Auſſi, nombre de Négociants de Bayonne & de Saint-Jean-de-Luz, qui ſe reſſentoient de cette défection, ont été s'établir dans ces mêmes Villes étrangères, pour leur offrir tout à la fois les articles de France, qu'ils venoient chercher à Bayonne avant les prohibitions. Si le Miniſtère veut ſe convaincre du peu d'avantage que les prohibitions ont procuré à la France , il peut conſulter les états de ſortie qui lui ſont envoyés chaque année. Il y verra combien peu Bayonne fait paſſer en Eſpagne de ces ſortes de marchandiſes.

Le vrai moyen de rappeler l'Eſpagnol à la conſommation de pluſieurs étoffes Françoiſes, qu'il n'eſt pas actuellement porté à rechercher, eſt bien plutôt de les lui offrir à ſon choix, à côté des étoffes étrangères ; de piquer ſon goût par l'attrait de la nouveauté, ou de le tenter d'en faire l'eſſai par la différence du prix. D'ailleurs , le génie des fabricants François pour l'imitation pourroit encore induire l'Eſpagnol à prendre des marchandiſes Françoiſes par la reſſemblance qu'ils auroient ſu leur donner avec les marchandiſes étrangères. Ce ſera ſeulement de cette manière que l'on pourra lutter avec ſuccès contre les habitudes d'une nation à laquelle on ne commande pas, & non par des prohibitions dont elle n'eſt nullement dans le cas de tenir compte.

Ainſi, le ſeul préjudice que la liberté accordée à Bayonne occaſionneroit peut-être à l'État, ſe réduiroit donc à une moindre conſommation de quelques draperies Françoiſes, tant à Bayonne que dans le pays de Labour. Sur quoi on doit encore obſerver que les draperies Angloiſes étant toutes plus chères, il ſeroit peu vraiſemblable que le peuple allât tout d'un coup les préférer aux draps de France, dont il a contracté l'uſage, & dont la couleur & le prix lui conviennent. Il en réſulteroit donc tout au plus, pour quelques perſonnes riches, un moyen de ſatisfaire leur fantaiſie plutôt que leur beſoin; & ce ne peut jamais être un objet aſſez eſſentiel pour balancer la néceſſité de rendre à ce canton la population & la proſpérité dont il eſt ſuſceptible.

Ce qui prouve les bénéfices que Bayonne peut eſpérer d'un commerce entièrement libre avec l'Eſpagne, c'eſt que malgré toutes les entraves ſous leſquelles cette Ville languit, malgré la préférence naturelle que l'Espagnol devroit donner à Saint-Sébastien & Bilbao, dont les magasins commencent à réunir la majeure partie des objets que Bayonne ne peut plus lui offrir, Bayonne fait encore avec l'Espagne, sans même en excepter la capitale de ce royaume, ni les provinces de Galice & des Asturies, qui ont bien plus à leur proximité les ports de la Biscaye, un commerce annuel de plusieurs millions.

En effet, tandis que toutes les nations de l'Europe s'empressent de participer, par la voie de Cadix, au commerce de l'Espagne, ne seroit-il pas étonnant que Bayonne, seule à l'autre extrémité, n'eût rien à en attendre, en offrant aux Espagnols les mêmes objets quittes de tous droits de sortie, & de toutes formalités à observer? Dès que ses assortiments rassembleront les marchandises de l'Angleterre, de la Hollande, du Brabant, de l'Allemagne, du Levant, de l'Inde & de la France, peut-on douter que le commerce qu'elle a conservé avec l'Espagne, n'augmente à proportion? Les règles de l'analogie semblent l'annoncer. L'activité de Dunkerque, moins heureusement placé, l'opulence même de Marseille, en font des garants; & quoi qu'on dise des lumières des Marchands Espagnols, on voit encore les Hollandois soutenir un commerce très-lucratif aux dépens des nations les plus éclairées de l'Europe.

. BAYONNE pourroit trouver, dans l'avantage de fa fitua-
tion, de quoi lutter contre Marfeille. Indépendamment, en
effet, de la faculté qui lui feroit commune avec cette Ville ,
de réexporter par mer à l'étranger les divers objets d'un
commerce direct & avoué, Bayonne eft dans le cas de faire
des gains immenfes fur le débit journalier de tous les articles de menu détail dont elle eft à portée de fournir les provinces Efpagnoles qui l'avoifinent ( 1 5 ). Plufieurs de ces
denrées ou marchandifes ne fe trouvant point en Efpagne,
ou y étant prohibées, les habitants de ces provinces, lorfque nous n'y mettrons pas nous-mêmes obftacle, s'empref-
feront toujours d'en venir faire emplette à Bayonne, ou bien
ils s'arrangeront pour les recevoir, par échange, dans les défilés des montagnes qui féparent les deux royaumes. Toute
autre confidération à part, l'État devroit regarder ce trafic
interlope comme néceffaire, en ce que l'acheteur Efpagnol
ayant, de fon côté, un véritable intérêt à porter à Bayonne
des matières d'or & d'argent, dont il tire deux à quatre pour
cent plus qu'il ne feroit à Bilbao ou à Saint-Sébaftien, il pré-
fère réellement cette manière de folder fes achats ou échan-

---

(15) LES routes qui mènent de Bayonne en Navarre & en
Arragon à travers les gorges des Pyrénées, font plus courtes
& plus faciles que celles qui mènent de Saint-Sébaftien vers les
mêmes lieux.

ges, & contribue ainfi à alimenter nos Monnoies, qui, fans cette reffource, feroient fouvent fort embarraffées.

Deux projets également intéreffants, dont le Gouvernement femble s'occuper férieufement aujourd'hui, font de nouveaux motifs pour l'engager à verfer fur Bayonne & Saint-Jean-de-Luz toutes les faveurs qui peuvent y ranimer le commerce & la population. Il a fenti qu'il n'étoit point indifférent pour la puiffance de l'État, qu'une étendue pareille à celle qui fépare Bordeaux de Bayonne, ne fût jamais comptée que pour un défert; qu'il s'en faut bien que le terrein compris dans ce grand efpace foit infécond, ou même difficile à cultiver; que la douceur du climat, l'influence du voifinage de la mer, en faciliteroient encore les moyens; que les parties les plus sèches, les plus arides, peuvent s'y couvrir de pignadas, dont les produits font auffi importants & plus affurés que ceux des plus riches récoltes en tout autre genre; qu'il eft prefque auffi aifé de mettre en valeur celles que le féjour des eaux pluviales rendent inhabitées ou malfaines; qu'elles deviendroient falubres & propres à diverfes cultures qui y multiplieront les hommes & les beftiaux, fi au défaut des vallons & des ruiffeaux, qui manquent à ces triftes plaines pour les dégager des eaux qui les fubmergent, on y pratiquoit des rigoles ou canaux d'écoulement, qui fervant pendant l'hiver à la flottaifon des bois dont le pays abonde dans certains endroits, ou même à porter de petits bateaux pour le tranſport des réſines & autres marchandiſes, iroient toutes ſe rendre à un canal de navigation qu'elles abreuveroient, en débarraſſant le ſol des eaux ſtagnantes qui en ont écarté, juſqu'à préſent, les hommes & les animaux.

C'est dans ces vues que le Gouvernement a penſé qu'il n'y auroit peut-être pas d'impoſſibilité d'opérer la jonction de l'Adour à la Garonne par un canal, qui, traverſant les Landes dans leur longueur, en vivifieroit par lui-même la majeure partie. L'exécution de ce vaſte & utile projet ſemble, au premier coup-d'œil, ne devoir préſenter, dans un terrein uni, ſans rocher à percer, ſans bancs de pierre, que des difficultés ſubalternes, qui ne demanderoient, pour être ſurmontées, ni de très-grands frais, ni de grands efforts de génie. Cependant nous n'oſons donner, à cet égard, plus d'eſpérance que nous n'en n'avons nous-mêmes. On n'imagineroit pas que ce ſont les eaux qui manqueront peut-être, tandis que ſouvent, & pendant pluſieurs mois de l'année, tout ce pays inondé ne forme qu'un marais immenſe, où le voyageur peut à peine trouver les indices de la route qu'il a à tenir ( 16 ).

---

(16) Le premier objet dont on doit, ſans contredit, s'occu-

« Au fond, les avantages d'un pareil canal feroient d'autant plus réels, qu'il aboutiroit, de part & d'autre, à des villes riches, commerçantes, peuplées & capables de donner une valeur à toutes les productions qui y feroient tranfportées par cette voie. La franchife de Bayonne & du

---

per dans la formation d'un canal, eft de fe procurer aux différents points de partage, la quantité d'eau néceffaire, à l'effet de l'alimenter, au moins jufqu'à l'endroit où l'on auroit pour cela de nouvelles reffources. Si la nature a placé à chacun de ces points une rivière ou un ruiffeau qui fourniffe fuffifamment à la confommation du canal, l'art n'a plus à s'en mêler; mais lorfque le cours d'eau n'eft pas affez confidérable, & qu'il devient indifpenfable de recourir aux eaux pluviales, il faut trouver le moyen de les raffembler & retenir dans de grands étangs & réfervoirs, où l'on fait enfuite les prifes que les befoins du canal peuvent comporter. Ces étangs ou réfervoirs, devant être plus élevés que le point de partage, fuppofent encore au-deffus d'eux une étendue de terrein affez vafte pour recevoir & leur fournir enfuite les eaux des pluies. On aura peut-être de la peine à rencontrer dans les Landes les difpofitions locales dont nous venons de rendre compte, à moins qu'on ne fe rapprochât beaucoup des côtes de la mer. Le fol extrèmement plat de ce pays y prête certainement peu au premier coup-d'œil. Nous ne fommes cependant point à bout de nos recherches à cet égard, & peut-être les Ingénieurs qui en font particulièrement chargés, feront-ils plus heureux que nous ne l'efpérons.

pays de Labour, qui les rétabliroit l'une & l'autre dans leur splendeur, contribüeroit donc encore à vivifier les Landes, & unir Bordeaux à Bayonne par une province habitée, & non par un désert qui semble être la honte de la France.

L'AUTRE, entreprise qui viendroit non-seulement à l'appui de la franchise & de la plus grande utilité du canal, mais qui seroit encore d'une singulière ressource pour la marine Françoise, royale ou marchande, sur-tout en temps de guerre, est l'exécution du projet conçu par M. le Maréchal de Vauban, de profiter d'une chaîne de rochers qui ferme la baie de Saint-Jean-de-Luz, depuis le fort du Socoa jusqu'à la batterie de la chapelle de Sainte Barbe, pour y établir deux jetées ou moles, qui, ne laissant entre eux qu'un passage pour les vaisseaux de tout rang, & garantissant d'ailleurs cette baie des coups de mer & des vents, en feroient un des plus vastes & des plus magnifiques ports de l'Océan.

DEPUIS Rochefort, dont les vaisseaux de guerre ne sauroient sortir armés, jusqu'aux frontières de l'Espagne, la France n'a aucun port de refuge. Toute l'étendue du golfe de Gascogne est bordée de côtes basses & dangereuses, qui ôtent, même aux vaisseaux poursuivis, jusqu'à la ressource

G

de se faire échouer, pour sauver au moins leurs équipages. Ni le port de Bayonne, ni la baie de Saint-Jean-de-Luz, dans l'état où ils sont, ne peuvent être regardés comme des abris faciles à gagner, & auxquels, dans un gros temps, il soit possible d'avoir recours. De quelle importance n'est-il donc pas de se procurer, sur cette côte, un port unique, où les navires battus par la tempête, se jetant sans aucun risque, soient assurés de trouver leur salut? Quels avantages Bayonne n'en retirera-t-il pas? La certitude d'avoir, au besoin, un asyle à Saint-Jean-de-Luz, & de pouvoir choisir ensuite le moment favorable pour passer la barre qui est à l'entrée de l'Adour, fera disparoître tous les dangers de ce passage ( 17 ). En temps de guerre, des vaisseaux de roi,

---

(17) CETTE barre ne doit cependant plus effrayer les navigateurs autant qu'elle pouvoit le faire, il y a vingt ou trente ans. Le passage s'est sensiblement amélioré depuis que les levées construites sur les deux rives de l'Adour, maintenant son lit dans la même direction, & rassemblant ses eaux, donnent à cette rivière, principalement dans ses crues, la force nécessaire pour chasser plus loin dans la mer les sables qui se déposoient auparavant à son embouchure. Aussi voit-on aujourd'hui à Bayonne des vaisseaux du port de six, sept, & même huit cent tonneaux, qui ne se seroient jamais hasardés, il y a quelques années, de s'y montrer. On seroit tenté de croire que les levées dontil s'agit auroient encore produit plus d'effet, si elles eussent

mis en station dans ce nouveau port, protègeroient le commerce de ce pays. Il seroit encore facile d'y armer & d'y tenir des escadres entières (18), dont les expéditions, si l'on avoit affaire à l'Angleterre, se feroient ensuite bien plus secrettement qu'à Brest ou à Rochefort, soit à raison de l'éloignement des ports de l'ennemi, soit parce que ses vaisseaux n'établiroient pas aussi aisément leur croisière dans le golfe de Guienne que sur les côtes de la Bretagne ou de l'Aunis.

Mais, plus la mer est redoutable dans ces parages, & moins il paroît aisé de lui imposer un frein, plus il est digne

---

été établies de manière à resserrer un peu davantage le lit de l'Adour. On auroit peut-être pu, d'ailleurs, se dispenser de les construire aussi magnifiquement, ou à si grands frais, dans la partie qui est éloignée de la mer, & tout sacrifier, au contraire, soit pour donner plus de solidité à la portion des ouvrages qui se trouve exposée à ses coups, soit même pour prolonger, jusqu'à un certain point, les jetées dans la mer. Il paroît que c'est de cette prolongation seule qu'on peut attendre la destruction totale de la barre.

(18) La passe des navires, & une grande partie de la rade, ont, dans l'état actuel, jusqu'à trente-six & même quarante pieds de profondeur : ainsi elle pourroit recevoir les plus grands vaisseaux de la marine royale.

de la France de le tenter. L'état des chofes eft pourtant
bien changé depuis M. de Vauban. L'ouverture de la rade
de Saint-Jean-de-Luz, élargie de plus de trois cent toi-
fes, la laiffe tout autrement en proie à la fureur des flots ;
& pour peu que l'on diffère encore , la ville même de
Saint-Jean-de-Luz n'exifte plus. Quelle fatisfaction pour
elle de pouvoir efpérer déformais de fi beaux jours, au
moment où, fous tant de rapports, elle étoit fi près de fa
perte (19)!

---

(19) Si la ville de Saint-Jean-de-Luz, au lieu d'être fituée
dans le fond de la rade, qui porte fon nom, fe trouvoit placée
fur un de fes côtés, nous eftimerions qu'il feroit non-feulement
plus économique, mais peut-être plus avantageux, d'abandon-
ner encore pendant quelque temps cette rade aux ravages de
la mer, à qui l'on devroit même alors faciliter, autant qu'il feroit
poffible, les moyens de pénétrer plus avant dans les terres. Il eft
effectivement aifé de juger, à l'infpection du local, que l'on fe
procureroit affez promptement, par ce moyen, une baie fort
profonde & abritée par de hautes montagnes, dans les gorges
defquelles on pourroit enfuite, fans grande dépenfe, creufer le
port le plus fûr. Mais, dans l'état des chofes, fi l'on eût voulu
adopter ce plan, il falloit commencer par déplacer en totalité
la ville de Saint-Jean-de-Luz, & même la moitié de celle de
Sibourre. L'intérêt particulier de ces deux Villes, entrant pour
beaucoup dans la balance, a décidé le Miniftère. Le parti qu'il
paroît avoir pris accélèrera, d'ailleurs, nos jouiffances. On fe

Au furplus, dans l'intention où la France paroît être, par l'article 30 du traité d'amitié & de commerce conclu avec les Etats-Unis de l'Amérique le 6 Février 1778, de favorifer le commerce des États-Unis, en leur accordant en France un ou plufieurs ports francs, il femble que la pofition de Bayonne & de Saint-Jean-de-Luz réunit tous les avantages qu'on a pu fe propofer refpectivement dans l'établiffement de ces ports francs, en faveur des Américains. Ces Villes étant déjà réputées étrangères, il fera bien plus facile d'y affeoir les franchifes néceffaires au commerce des Américains, que de les établir dans des villes dont la conftitution n'a nul rapport avec celle d'un port franc.

repentiroit cependant un jour de l'avoir adopté, fi l'on ne multiplioit pas aujourdhui les précautions pour fortifier extraordinairement les moles ou jetées qu'il s'agit de conftruire à l'entrée de la rade. Les Ingénieurs qui feront chargés de cette entreprife, ne doivent pas s'en diffimuler les difficultés, ni craindre, à beaucoup près, de trop évaluer dans leurs calculs les forces de l'ennemi qu'ils auront à combattre. Les fâcheux échecs qu'ont déjà éprouvés fi fréquemment les ouvrages conftruits dans l'intérieur de la rade, & qui étoient, par conféquent, bien moins expofés aux infultes de la mer, deviennent autant de leçons dont on profitera, fans doute, fur-tout pour fe garder d'élever ceux-ci à pic, & pour leur donner, au contraire, même de chaque côté, un talus très-confidérable & proportionné à leur hauteur.

DIVERSES branches de ce commerce font même très-ana-
logues à celui des habitants du Labour. Il n'eſt, par exemple,
aucun peuple qui entende mieux l'art de travailler la morue, de la conſerver, de la bien conditionner. Les Eſpagnols font un cas particulier de celle qui eſt ainſi préparée
à Bayonne ou à Saint-Jean-de-Luz, & les envois qu'on
peut leur en faire, ne ſuffiſent jamais à la demande ; de
ſorte que, quelque nombre de cargaiſons de ce poiſſon que
les Américains puiſſent expédier, les Bayonnois leur en
trouveront toujours aiſément le débit, par la facilité qu'ils
ont de la verſer en Eſpagne, leur ſituation étant même
plus favorable que celle d'aucun port, pour en approviſionner la Navarre & l'Arragon.

UNE des principales & des plus utiles occupations des Baſques, eſt l'apprêt & la vente en Eſpagne des peaux d'orignaux,
de cerfs, de chevreuils & autres de ce genre venant de
l'Amérique Septentrionale, & que depuis la perte du Ca-
nada, on a été forcé de tirer d'Angleterre. Il y auroit, ſans
doute, un avantage conſidérable & réciproque à les recevoir déſormais par le canal de nos alliés les Américains.

IL leur faut, d'ailleurs, des vins, des eaux-de-vie, de
groſſes étoffes, des couvertures, des bas & bonnets de laine,
des ouvrages en fer, en cuir, du papier, &c. Les provinces

voifines de Bayonne fourniffent abondamment tous ces articles.

ILS trouveroient encore à Bayonne, ou à Saint-Jean-de-Luz, des toiles d'Allemagne, de Flandre, du Brabant, de Laval, de Saint-Quentin, qu'on y débite en concurrence, les épiceries de la Hollande, enfin des affortiments complets de toutes les marchandifes de l'Europe. Ainfi, ces mêmes ports, où ils viendroient vendre leurs denrées, leur offriroient en échange de quoi fatisfaire tous leurs befoins. Les Bafques, qui font déjà des capas ou marègues, perfectionneroient ce genre d'étoffe, qui peut auffi convenir aux Américains.

PLUSIEURS circonftances s'oppofent à ce que le commerce des Colonies Françoifes de l'Inde & de la côte de Guinée prenne à Bayonne un grand accroiffement. Il eft fort avantageux, pour ces différents commerces, d'y employer de grands navires, & ils auroient quelque peine à paffer fur la barre de Bayonne. Mais ce même obftacle ne nuiroit prefque point au commerce des Américains Septentrionaux, parce que des difficultés femblables qu'ils éprouvent dans la plupart de leurs ports, les obligent à n'employer généralement eux-mêmes que des navires de moyenne grandeur. En tout cas, fi le port projeté à Saint-Jean-de-Luz avoit lieu, il n'y auroit plus aucune difficulté à cet égard, & les Américains pourroient y aborder avec les plus grands vaiffeaux.

Nous conviendrons volontiers que fi, au lieu des productions fimples & groffières de leur territoire, ou de leur induftrie, les Américains étoient dans le cas d'importer en France des objets de luxe, ils feroient fondés à nous demander, par préférence, un port qui, les rapprochant de la Capitale, leur fournît un débouché plus avantageux pour les divers articles de cette importation. Mais confidérant, 1°. que parmi ces différents articles, il n'en eft pas, pour ainfi dire, un feul qui ne fe vendît auffi utilement pour eux à Bayonne; 2o. qu'ils y trouveront également, comme nous l'avons déjà dit, & au meilleur compte poffible, tout ce qui peut faire le fond de leur retour; 3o. que Bayonne & Dunkerque n'étant, à leur égard, que des lieux d'entrepôt, où les objets de leur commerce pourront s'emmagafiner, & attendre le moment du débit à l'étranger, que ces deux villes avoifinent, ils n'en auront pas moins la libre entrée dans les autres ports de la France, pour y commercer directement avec nous. Nous ne croyons pas qu'ils puiffent raifonnablement fe refufer d'entrer, fur ce point, dans les vues du Miniftère, qui, d'ailleurs, ne pourroit peut-être pas, fans fe jeter dans de plus grands embarras, trouver moyen de les fatisfaire.

Il nous refteroit à démontrer que l'établiffement de la

franchife à Bayonne eft, même à titre d'opération de finance, avantageux à l'État, & produira plutôt une augmentation qu'une diminution dans fes revenus, fi ce n'eft pour le moment, du moins dans un avenir affez prochain. Mais cette difcuffion, fi nous voulions traiter la matière avec toute l'étendue qu'elle comporte, exigeroit des détails dont l'Adminiftration s'eft peut-être réfervé la connoiffance. Il fembleroit toutefois, en thèfe générale, que ce qui doit enrichir la collection des fujets, ne peut pas appauvrir l'État. Dans quelque temps que ce foit, le Souverain ne fera-t-il pas fondé à exiger d'eux leur jufte part des contributions aux charges publiques? Il n'eft point queftion de lui propofer ici de renoncer à cet appanage inaliénable de la Souveraineté. Quels rifques pourroit-il donc courir, d'ailleurs, à adopter des moyens, qui paroiffent auffi evidents, de vivifier une contrée intéreffante, de lui reftituer fes habitants, & d'y fonder un commerce qui, fuivant toute apparence, découvrira des fources de richeffes prefque inconnues jufqu'à préfent? Puiffent les vœux que nous formons, à cet égard, parvenir inceffamment au pied du Trone, s'y faire entendre, & contribuer à attacher à la France, par des liens indiffolubles, un peuple auffi aimable que brave, dont tous les defirs fe bornent à obtenir la faculté de ranimer & réchauffer par fon induftrie cette terre froide & ingrate qui fe refufe à le nourrir. Accueilli avec empreffement par des voifins qui connoif-

H

fent tout le parti qu'on en peut tirer, les avantages qu'il trouve fur un fol étranger, ne feront cependant plus capables de l'y retenir un moment, dès qu'il verra briller fur fes foyers l'aurore de cette liberté feule capable de rendre à fon génie l'effor qui lui eft, pour ainfi dire, naturel, & dont il femble ne pouvoir abfolument fe paffer.

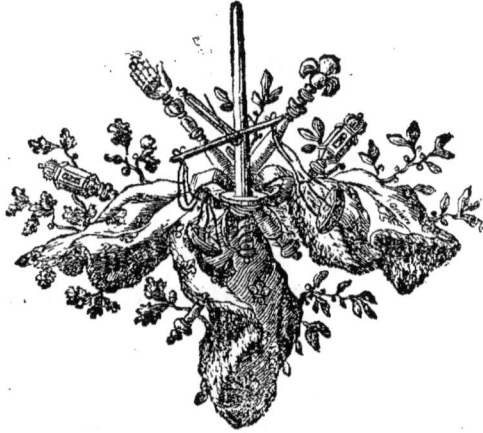

# POSTSCRIPTUM.

DEPUIS que ce mémoire a été donné à l'impreffion, le Syndic du Labour m'a adreffé, relativement au projet de reftreindre la franchife à la partie du pays fitué entre la Nive & la mer, des repréfentations dont je ne crois pas pouvoir me difpenfer de donner ici au moins une efpèce d'extrait, parce qu'elles me paroiffent réellement capables de toucher le Miniftère.

APRÈS avoir peint fortement la défolation dans laquelle cette diverfité de traitement jettera tout ce canton, le Syndic paffe aux différents moyens, pris dans une connoiffance plus particulière du pays. Il articule :

1°. QUE les habitants d'Uftaritz, de Cambo, & de Lareffore, paroiffes fituées fur la droite de la Nive, & qui fe trouveroient, par conféquent, hors des limites de la franchife, font, dans l'état actuel, les principaux agents du commerce que Bayonne & le Labour font avec l'Efpagne ; que les entrepôts les plus confidérables y font établis, & que la plupart des voituriers y ont leur domicile, parce que la route que les marchandifes doivent tenir, eft plutôt déterminée

par la position des gorges & des défilés propres à favoriser
l'introduction en Espagne, que par le plus ou le moins de
brièveté du chemin. Qu'ainsi, il est évident que l'arrangement projeté ne seroit pas moins préjudiciable au commerce de la partie franche du Labour, qu'à la portion
même du pays qui cesseroit d'y avoir part.

2°. QUE dans tout le Labour, les paroisses de Monguerre,
le Bas Cambo, Hasparren, Urcaray & Mendionde, qui se
trouvent également sur la rive droite, sont incontestable-
ment celles où les arts de la pelleterie, de la chamoiserie,
de la tannerie & de la fabrication du fer, sont le plus en
vigueur; qu'il n'en est point, en conséquence, de plus inté-
ressées à jouir du bénéfice de franchise, puisque, d'un côté,
elles ne peuvent tirer que des Américains ou des Espagnols les matières premières sur lesquelles s'exerce leur
industrie, & que, de l'autre, elles ne pourroient, après les
avoir mises en œuvre, s'en procurer un débit suffisant dans
les provinces Françoises qui les avoisinent.

3°. QUE la navigation de la Nive éprouvant divers obs-
tacles dans son cours, soit parce que cette rivière n'a pas toujours assez de fond, soit à raison de ce qu'elle est embarrassée,
dans certains endroits, par des moulins, nasses & paissières,
les chalans ou bateaux qui la remontent, sont constam-

ment obligés de décharger, au moins cinq ou fix fois, leur cargaifon, pour la reprendre enfuite à quelque dif-tance ; & que des circonftances locales néceffitant de faire ce déchargement fur la rive droite, il faudroit, fi cette rive devenoit nationale, multiplier prodigieufement, dans tous ces points, les précautions, pour empêcher les verfe-ments frauduleux.

4°. Que la rivière de Nive eft guéable en nombre d'endroits ; qu'elle ne fera donc point une barrière à beau-coup près auffi sûre qu'on pourroit l'imaginer ; & que cette confidération paroiffant être le motif principal qui déterminoit le choix de la démarcation dont il s'agit, le Gouvernement devroit y renoncer, & fe prêter d'autant plus aifément à comprendre dans la franchife la totalité du Labour , qu'il n'en peut pas réfulter d'augmenta-tion fenfible dans les frais de régie, la garde fur fa fron-tière, entre l'Adour & l'Efpagne, n'étant pas dans le cas d'exiger plus d'employés que l'établiffement du cordon fur la Nive.

5 . Enfin , que les Fermiers-Généraux entendroient bien mal leurs véritables intérêts, s'ils perfiftoient à pen-fer qu'ils ont choifi le meilleur moyen de prévenir la contrebande. Il faudroit, pour cela, que les idées qu'on

leur a données des mœurs des habitants du Labour, fuf-
fent auſſi fauſſes que celles qu'ils paroiſſent avoir du local même. La Nature ſemble avoir mis, entre le pays
Baſque & la France , une barrière plus ſûre que celle
que l'on cherche à établir aujourd'hui. Non-ſeulement,
en effet, la poſition du Labour rend très-difficile à ſes
habitants toute eſpèce de communication avec l'intérieur
du Royaume, mais encore l'idiome particulier du Baſque,
ſon génie, ſon caractère , l'éloignent tellement de former la moindre liaiſon avec des étrangers , qu'il n'y a
preſque point d'exemple d'aucune aſſociation de commerce , ſur les objets les plus libres, entre un Baſque &
un habitant de quelque paroiſſe limitrophe , qui ne par-
leroit pas la même langue. Soit que la difficulté d'entendre ſes voiſins, ou de ſe faire entendre d'eux, en ſoit
l'unique cauſe , ſoit que la conſtitution de ce peuple contribue auſſi à le tenir ſéparé, pour ainſi dire, du reſte
du genre humain, il a un éloignement invincible pour
tout ce qui n'eſt pas Baſque , & qui ne parle pas le
même patois. Retrouvant ſon langage dans l'Alaba & le
Guipuſcoa , il fréquente volontiers ces contrées Eſpa-
gnoles, & ne s'écarte point au contraire dans les provinces
Françoiſes, qui ſont même plus à ſa proximité. On ne
fera pas ſurpris, ſans doute, qu'un peuple, qui, depuis
ſon origine, a pu demeurer auſſi iſolé , au milieu du

monde entier, ait confervé fes mœurs primitives. Celles
des Bafques étoient pures, elles font reftées telles : elles
ne changeront qu'avec la conftitution du pays ; & ne
fera-ce pas là le premier effet de la féparation dont le
Labour eft menacé? Les deux portions défunies de ce
peuple, ayant même peine à concevoir qu'il puiffe in-
tervenir une loi capable de rompre les nœuds qui les
lient, s'accoutumeront aifément à l'enfreindre. Ceux des
Bafques qui feront devenus nationaux, obligés de former, dans les provinces de l'intérieur, des liaifons nouvelles, qui ne tendront qu'à les corrompre, fe dénatu-
reront eux - mêmes peu-à-peu, & cherchant enfuite à
éveiller la cupidité de leurs anciens compatriotes reftés
dans la partie franche , ils leur offriront chez eux un
premier lieu de dépôt de marchandifes prohibées, & une
fociété de profits, pour les faire paffer dans l'intérieur
du Royaume, à frais & rifques communs. Ainfi, le moyen
même choifi par le Miniftère, pour obvier à la fraude,
fera celui qui en fera naître l'idée & qui l'affurera ;
tandis qu'en traitant aujourd'hui tous les habitants de ce
canton avec l'égalité qu'ils réclament, & qu'ils attendent
de la bonté paternelle de Sa Majefté, aucun ne fongera
certainement à former des fpéculations de cette efpèce,
qui font trop au-deffous de la fierté de leur caractère.
On trouveroit à peine actuellement, dans tout le La-

bour, une vingtaine de fraudeurs, qui fe bornent même
à y apporter quelque petite quantité de tabac étranger;
& le Syndic du Labour ofe attefter que c'eft uniquement
des employés des Fermes qu'ils ont appris ce dangereux
métier, dont on n'auroit jamais eu la moindre idée dans
le pays, fi ces employés n'euffent jamais franchi les
barrières des portes de Bayonne. Cette fraude tombera
d'elle-même par la liberté accordée au Labour. Il fuffiroit, d'ailleurs, de préfenter à fes habitants des reffources honnêtes dans un commerce licite, & ils en auront
mille, fi la ligne de démarcation, comprenant la totalité
du pays, eft portée fur la Bidouze, & continuée le long
du comté de Guiche & de la fouveraineté de Bidache.